U0111504

科普漫畫系列

趣味漫畫十萬個為什麼

洋洋兔 編繪

新雅文化事業有限公司
www.sunya.com.hk

人物介紹

小淘

聰明、淘氣的小男孩，好奇心極強，經常向叔叔提出各種問題，其中不乏讓叔叔「抓狂」的問題。

南南

小淘的妹妹，善良、可愛，經常熱心地照顧和幫助周圍的人。她也像大多數女孩子一樣，愛打扮、愛漂亮。

叔叔

十分博學，無論什麼樣的問題都能給予答案。他也很愛幻想，總覺得自己有一天能成為超級英雄。

布拉拉

來自誇啦啦星系的外星人，因為飛船出現故障被迫降落地球，被這個神奇而美麗的星球吸引住了，於是寄住在小淘家學習地球的文化。

一個外星人的奇遇

布拉拉在太空漫遊時，不小心迷失了方向，撞到了地球上（實際上是不好好學習自己星系的文化，被踢出來的）。他被地球美麗的景色所吸引，於是決定定居下來，開始拚命地學習地球文化……

哎喲⋯⋯
呸！
這是什麼鬼地方？
咦？好美啊！
讓開！快讓開！
叭叭！

啊……
救命啊！
這是什麼
怪物?!

劈——

轟！

這怪東西居然會
發電?!
痛死了!

站住！
可惡，把車賠給我們！

布拉拉就這樣被留
在地球上……

做快點！你要做25年
家務，才能還清欠我
們的買車錢！

我真命苦啊……

目錄

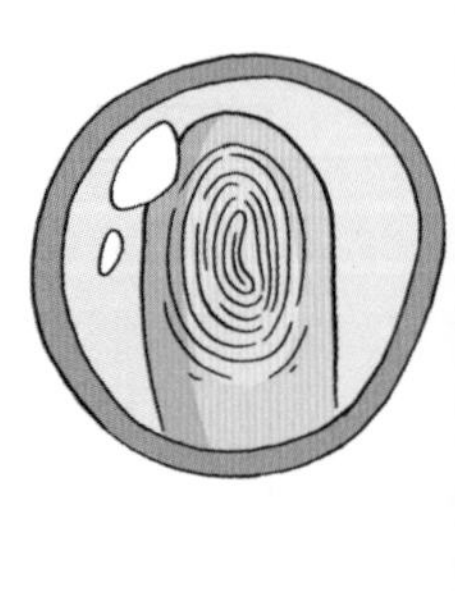

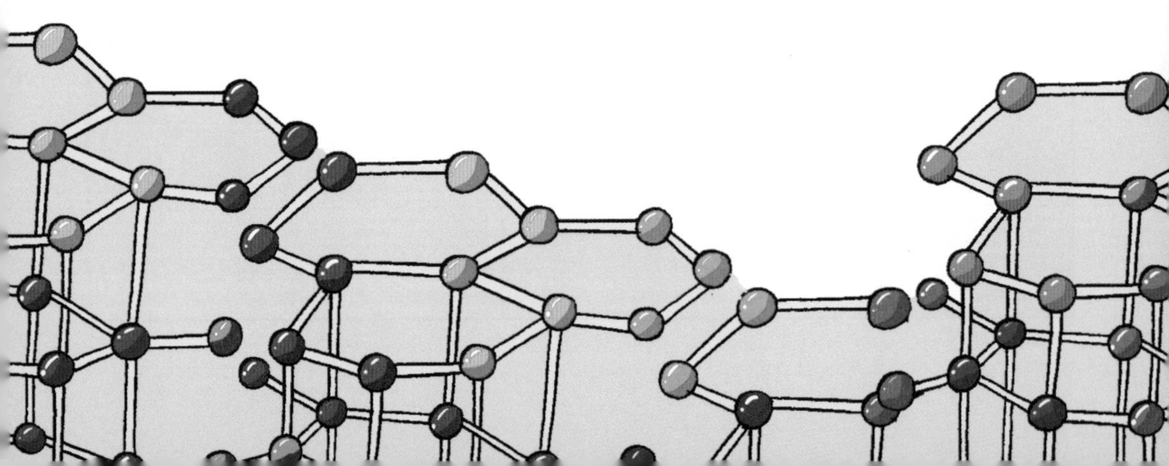

為什麼茶壺裏會生茶垢？

叔叔，這茶壺裏很髒呢，你為什麼還用它來泡茶？

布拉拉，那是多年泡茶沉積下來的精華，有個好聽的名字叫做「茶山」！

叔叔這話說得真好聽，但其實是你泡茶後常常忘了清洗茶壺，才有這麼多茶垢吧！

其實使茶壺和茶杯出現茶垢的主角，是茶葉中叫做「鞣（粵音：油）質」的東西。鞣質是一種結構比較複雜的酚類有機物，它易溶於水，尤其是沸水。

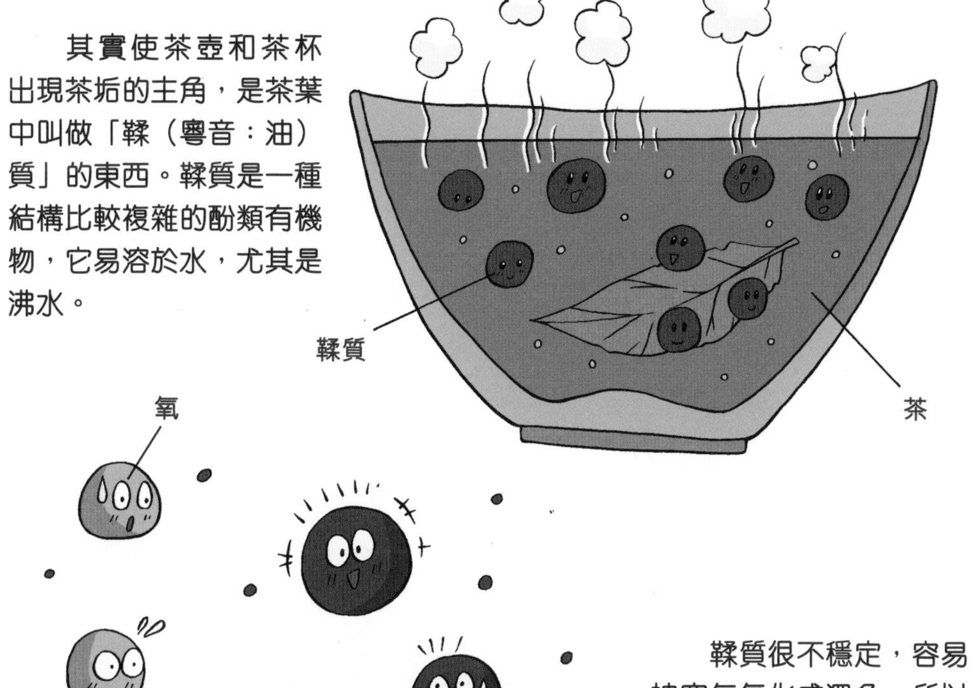

鞣質很不穩定，容易被空氣氧化成深色，所以茶垢都是棕紅色的。

鞣質分子之間也會發生各種化學變化，膨脹變大，並且生成一種叫「鞣酐（粵音：竿）」的化合物。

鞣酐是一種難溶於水的紅色或棕色物質，它會沉澱，並依附在茶壺和茶杯內壁上，天長日久越積越多，就形成了厚厚的茶垢。

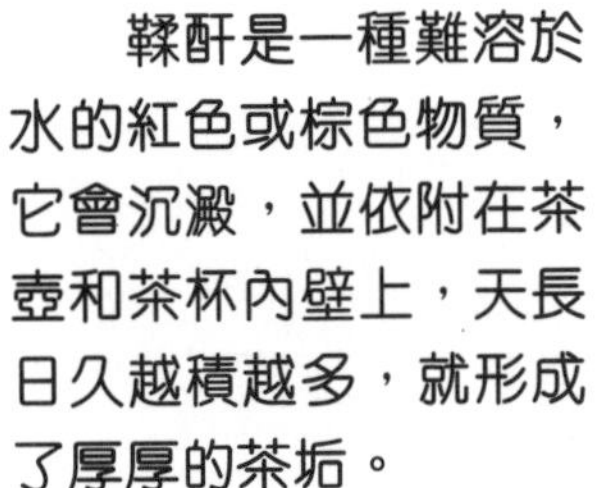

有人會用舊牙刷
和牙膏來去除茶垢，
因為牙膏中既有去污
劑，又有極細的摩擦
劑，因此很容易將茶垢
擦去而又不損傷茶具。

鹽
但是我發現
鹽更有效！
輕輕一擦，就
能去除茶垢！

嘩！南南你說
得對，用鹽擦
洗後，茶壺就
像新的一樣！

大家也可以試試
這個方法呢！
喝茶的茶杯和茶壺
要勤擦洗，防止病
從口入啊！
剛泡的茶沒
有了……

為什麼泡菜能存放很久？

泡菜能存放很久而不變質，主要靠兩大主角：一個是鹽，另一個就是乳酸菌。

淡鹽水有一定的消毒滅菌作用，那麼更何況用大量鹽醃製的泡菜了。所以在泡菜裏，一般的病菌都無法存活。

不過鹽只是輔助，真正讓泡菜能存放很久的功臣是乳酸菌，它是一種天然存在於蔬菜中的益菌。乳酸菌在無氧環境下能生長得更好，因此泡菜在製作過程中被壓實，形成低氧環境後，能促進乳酸菌進行乳酸發酵，發生化學變化，產生大量的乳酸。

乳酸的酸性很強，使其他微生物不易存活，從而抑制容易令食物變壞的霉菌和酵母菌的生長繁殖。

為什麼肥皂能去污？

普通肥皂的主要成分是高級脂肪酸的鈉鹽或鉀鹽。這些鹽的分子，一端具有「親水性」，另一端具有「親油性」，所以這些分子能輕易地進入水裏和油污裏。

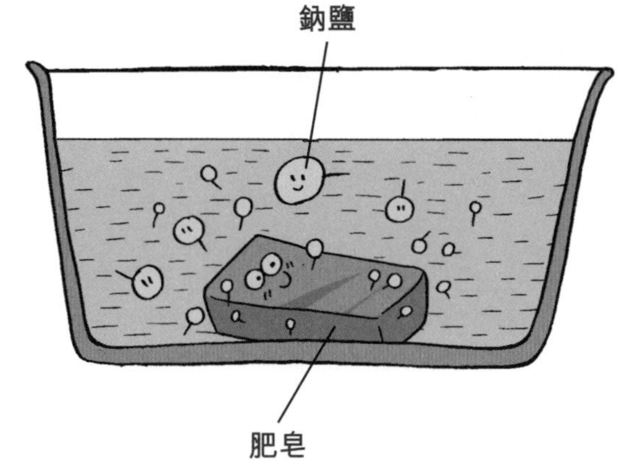

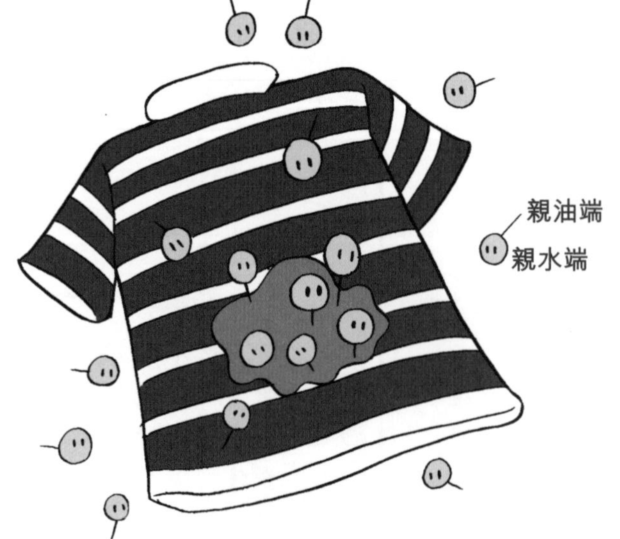

當肥皂遇到油污時，肥皂分子中的親油部分會附在油污上，並把一團油污分割成多個小塊。

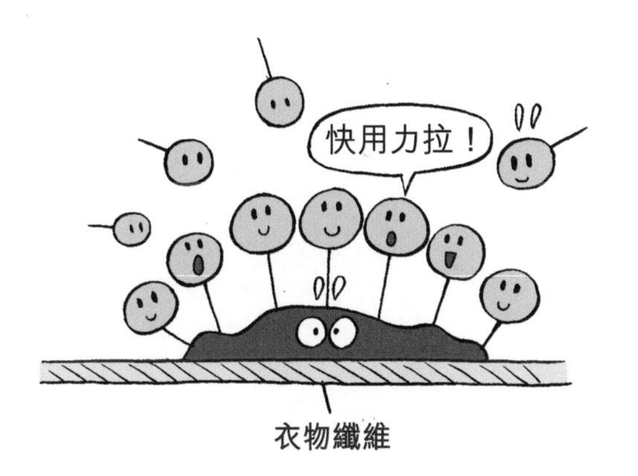

油污被肥皂分子和水分子包圍後，它們與衣服纖維間的附着力減小，一經搓洗，肥皂液就滲入了空氣，生成大量泡沫。

肥皂泡令肥皂像多了無數的小手，將油污從衣服的纖維中一點點地拉出來，直至從衣服上完全脫離，再經過清水沖洗，衣服就變回乾淨了！

哈哈！洗得真乾淨呢！

為什麼報紙放久了會發黃？

紙張是以木材為原料製成的，含有纖維素、半纖維素和木質素。纖維素和半纖維素本來是沒有顏色的，但是在空氣中放置久了，就會與空氣中的*氧結合變成黃色。

*氧：一種化學元素，化學式為「$_{8}O$」。兩個氧原子結合會形成氧氣「O_2」。

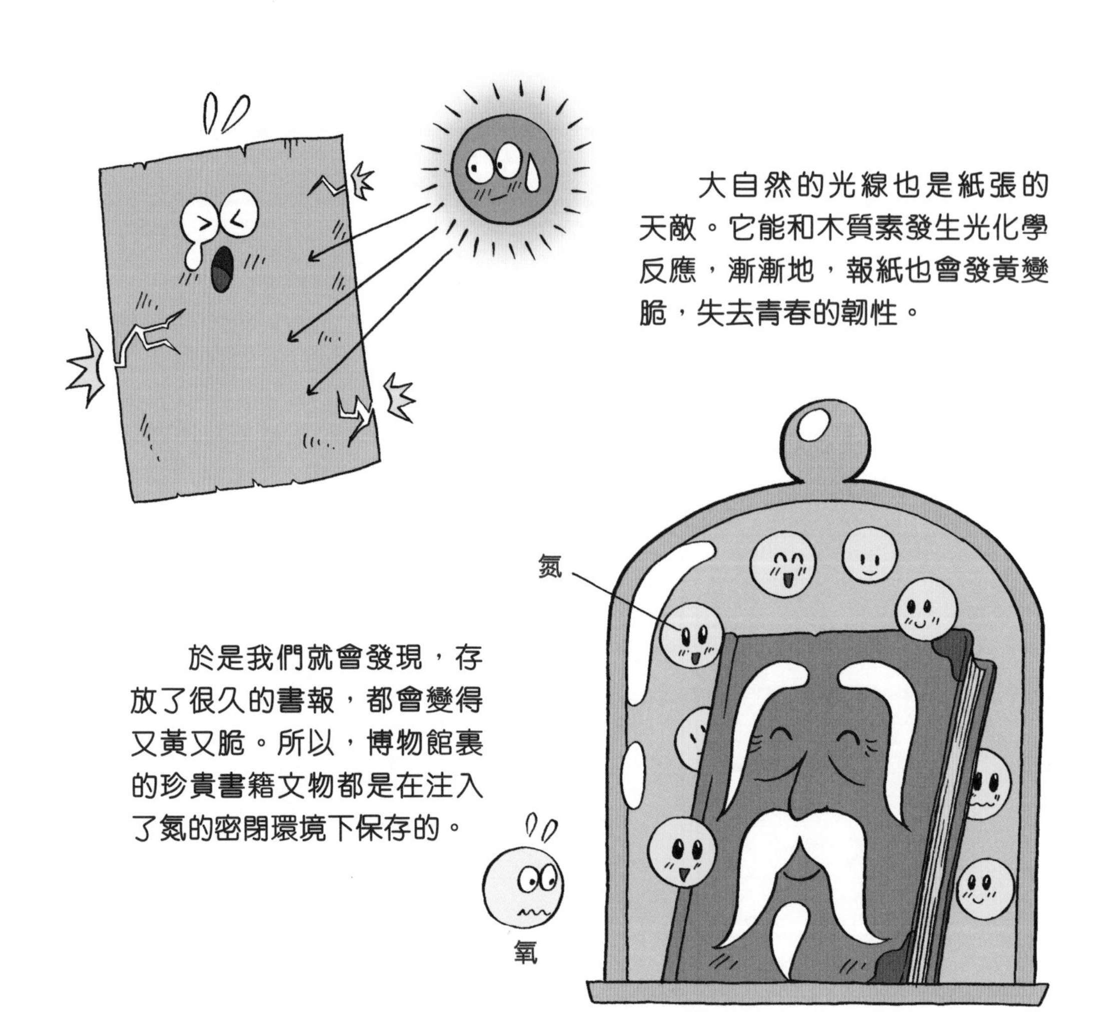

大自然的光線也是紙張的天敵。它能和木質素發生光化學反應，漸漸地，報紙也會發黃變脆，失去青春的韌性。

於是我們就會發現，存放了很久的書報，都會變得又黃又脆。所以，博物館裏的珍貴書籍文物都是在注入了氮的密閉環境下保存的。

為什麼橡膠有彈性？

哈哈！正中
靶心！
小淘，布拉拉，你
們在玩什麼呢？
化肥

叔叔，這根繩子
真奇怪，能長能
短，伸縮自如！
噢，這是橡皮筋
嘛！橡皮筋是由
橡膠製成的，所
以彈性很大。
化肥

那為什麼橡膠會
有彈性呢？

這是因為橡膠裏
含有可以拉長的
分子。

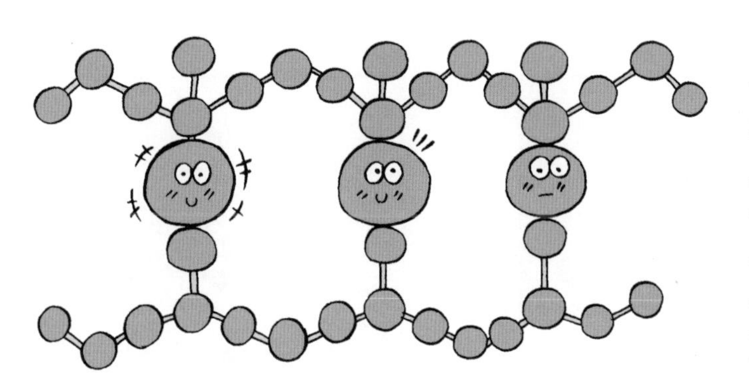

橡膠屬於高分子化合物，由許多結構相同的分子小單位組成一個巨大的網絡，每一個分子所含的原子數能達到幾萬、幾十萬或幾百萬，甚至更多！

橡膠的分子鏈柔順性很好，相互之間作用力很低。所以這種高密度，高柔度的分子結構受到外力作用時，分子鏈網絡就能輕易地鬆開。

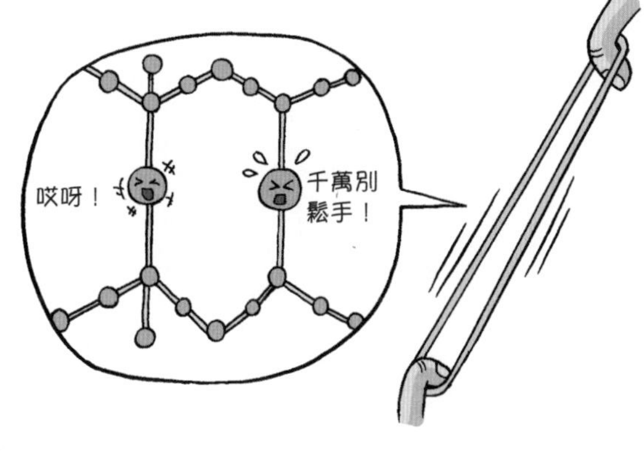

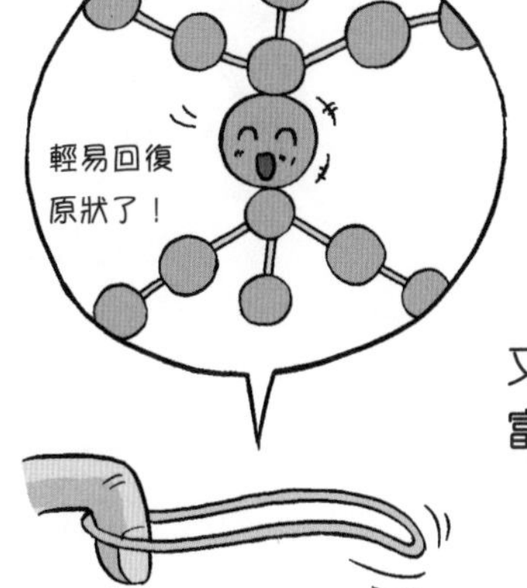

在外力解除後，分子鏈網絡又會馬上恢復原狀，這就是橡膠富有彈性的秘密了。

但是如果橡膠的變形幅度太大或變形時間太長，將分子鏈弄斷了，它就會永久變形。例如把橡皮筋拉長固定，一段時間後，就無法回復成最初的長度了。

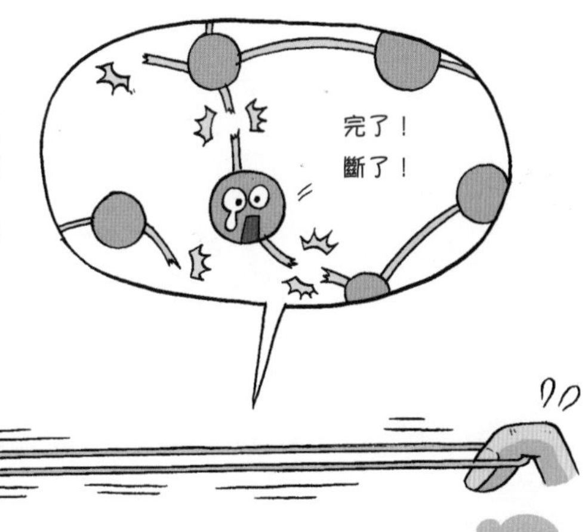

橡膠除了能製成各種輪胎以外，還普遍用作防震材料。
你們知道嗎？世界上已有多座橋樑使用了橡膠支座來連接橋樑的上部和下部。

嘩！原來橡膠的作用這麼大，真了不起！

如果我用橡膠做一個巨型的彈弓，是不是能把我射回我的星球呢？

先不說如何製造這個巨型彈弓，你欠我的錢還沒還清就想離開，難道是想賴賬嗎？
叔叔，如果你不說，我都快不記得了……

為什麼甘蔗能當汽車燃料？

乙醇中有一類是使用含澱粉質的薯類、穀類和野生植物等作為原料，在微生物作用下，澱粉被水解為葡萄糖，然後通過一系列發酵、脫水過程來生成乙醇。

澱粉質酒精

乙醇是一種很成功的生物燃料。1975年，巴西成功開發出使用乙醇燃料的汽車，以減輕因進口石油帶來的與日俱增的經濟負擔。因為巴西本土有豐富的甘蔗資源，用它來製造乙醇汽油是因地制宜的良策。

不過，現在乙醇汽油的成本已經不再有明顯的優勢了。人們看中的是它的環保效益。作為有效降低汽車車尾排放有害物質的燃料，人們還是很樂意推廣它的。

為什麼鈈是最危險的元素？

用於生產核電的鈈239不是自然界的元素。1941年，由化學家格倫．西奧多．西博格（Glenn Theodore Seaborg）和另外三位化學家在實驗中創造了這種新元素。

鈈最大的特點就是可分裂性，當一個中子撞擊一個鈈原子時，鈈原子就產生分裂，釋放出更多的中子和大量的能量。接下來，這些中子又使更多的鈈原子分裂，形成連鎖反應。

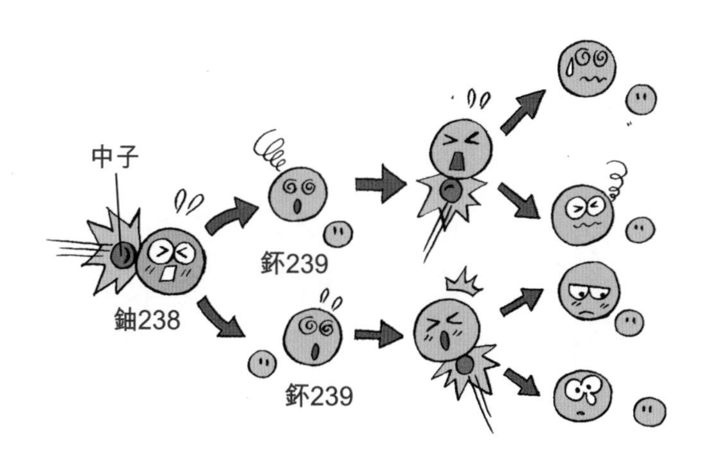

要提取鈈239，就要用中子轟擊鈾238；而這些中子則來自核反應堆。還有一種和鈈元素差不多厲害的鈾元素，很多核電站也以它為燃料。

鈈會釋放α粒子，如果進入人體，可能會引發癌症。但是α粒子的穿透力很差，一張紙或人體的皮膚就足以抵擋它。
叔叔，你剛說鈈是放射性重金屬。那是不是會讓人得癌症啊？
聽起來，鈈真可怕啊！

你們也不用太擔心，英女皇伊利沙白二世訪問哈維爾核子實驗室時，就曾受邀觸摸了一塊以塑料包裹的鈈環，以親自體會它溫暖的觸感。

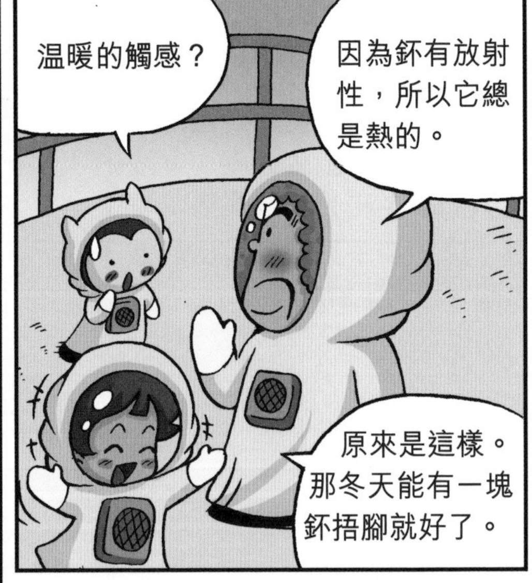
因為鈈有放射性，所以它總是熱的。
溫暖的觸感？
原來是這樣。那冬天能有一塊鈈捂腳就好了。

我是希望你不要太害怕，不是叫你完全不用怕……

為什麼催淚彈能催淚？

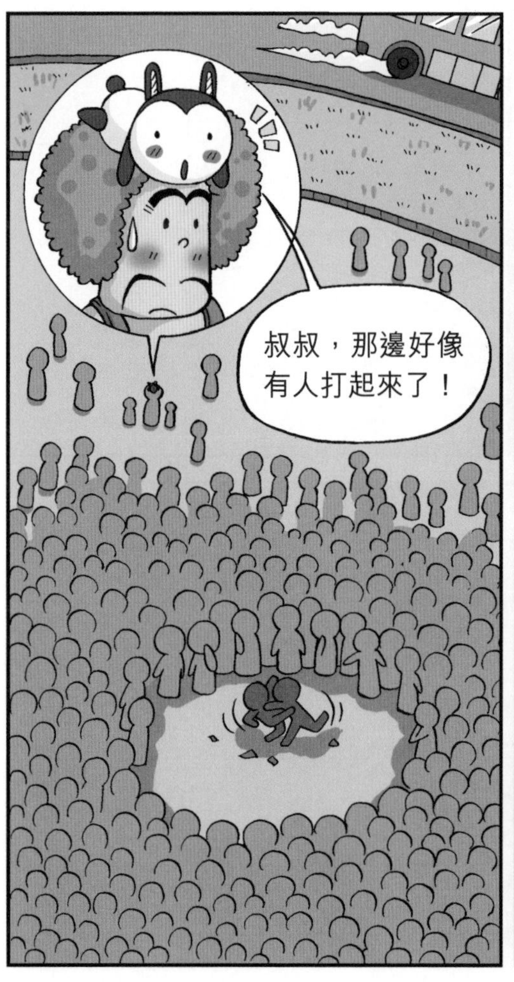

警察

警察在扔炸彈了！
別亂說，那個應該是催淚彈。警察只是在驅散鬧事的人羣。

催淚彈不是炸彈的一種嗎？明明都叫「彈」……
傻蛋和雞蛋也是叫「蛋」，它們是同一種東西嗎？

那些人哭了！催淚彈真的催淚呀！
為什麼它能催淚呢？
因為催淚彈裏裝了能讓人流淚的化學物。

催淚彈裏面最常出現的成分包括2-氯苯乙酮，縮寫為CN，還有鄰-氯代苯亞甲基丙二腈，簡稱CS，其中CS是目前使用最為廣泛的成分。

CS是一種白色晶體，難溶於水，卻易溶於特定的化學溶劑。

當它接觸到人的眼部時，會引起眼部的保護反應，打開「淚閘」，讓人流淚不止。

所以，催淚彈是一種化學武器，多用於軍隊和警察的鎮暴行動，以及驅散示威人羣。

催淚彈只讓人流淚，不讓人流血，算是比較温和的武器了。
被煙熏到了！

催淚彈再好也是武器，沒機會用它才最好。
人類社會真是問題多多，還是我們外星人的簡單生活最好。

是的，每天吃了就睡，睡飽了再吃，確實簡單呢。

你冤枉好人！
被說中

為什麼汽車安全氣囊能瞬間充氣？

碰！

好……好險！
我前面的那個東西是什麼？

其實它一直都在，但只有在汽車受到撞擊時才會充氣彈出來。

它是安全氣囊。
剛才我一直沒有看見它，它是從哪裏變出來的？

為什麼它在一瞬間就能充氣彈出來呢？
因為氣囊裏放了一種叫做疊氮化鈉的物質。

疊氮化鈉是一種結晶體，屬於危險的化學物質，爆炸時會產生大量氮氣。汽車安全氣囊正是利用了這一特性，才將它安放在車上。

當汽車撞擊速度高於預設值，車裏的電子控制器會做出分析，在適當時候發動起爆器，點燃疊氮化鈉。

疊氮化鈉爆炸後產生的氮氣會迅速充滿氣囊，使氣囊瞬間張開。當司機與前排乘客的身體受到衝擊向前傾時，氣囊就可以起到緩衝作用，讓他們的頭部不致直接撞在方向盤上。

為了使氣囊正常發揮作用，裏面安放的化學物質不僅有疊氮化鈉，還有硝酸鉀和二氧化矽等，以確保這一系列化學反應順利完成。
還好有它，不然我們肯定受傷了。

嗯。這次是我們走運，下次駕車時一定要集中精神，不能掉以輕心了。

嗯嗯！所以這次事故都是叔叔的責任！

到底是誰害我分心的？！

為什麼鑽石和石墨會是「兄弟」？

鉛筆芯太軟了，
總是削斷！
你知道嗎？這麼
軟的鉛筆芯，竟
有一個自然界最
堅硬的「兄弟」
呢！

自然界最堅硬
的東西……
難道是……
鑽石？

沒錯！雖然鑽石與
石墨的樣子和價格
完全不同，卻是名
副其實的兩兄弟！

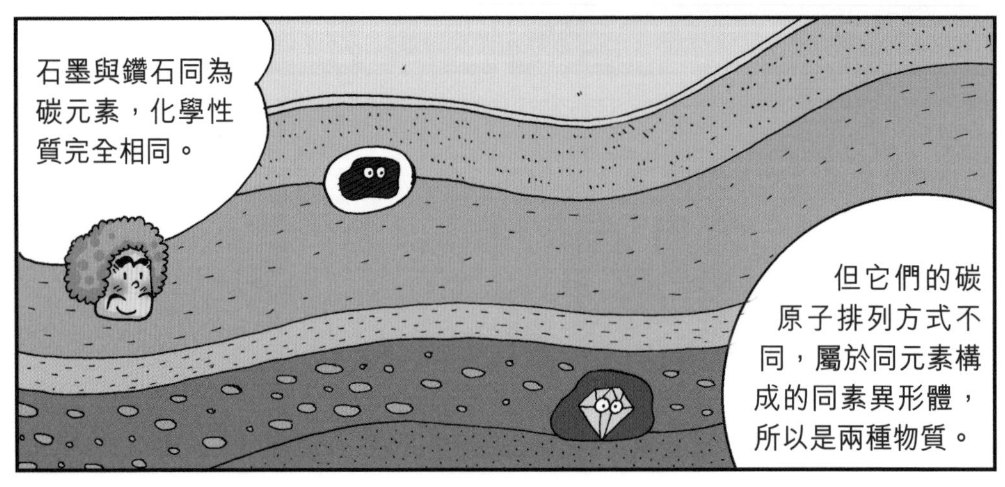
石墨與鑽石同為
碳元素，化學性
質完全相同。
但它們的碳
原子排列方式不
同，屬於同元素構
成的同素異形體，
所以是兩種物質。

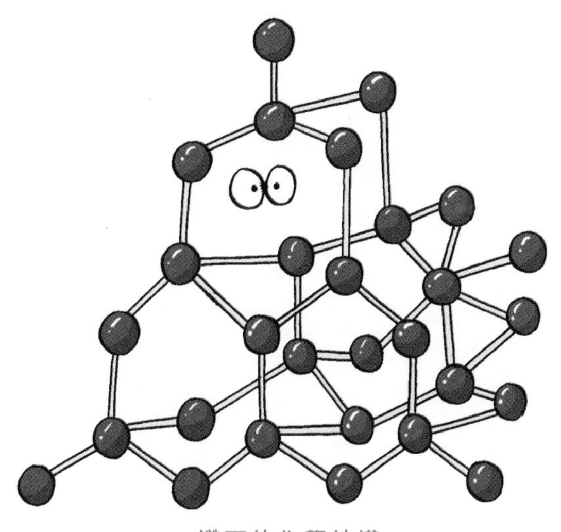

鑽石的化學結構

在鑽石裏，碳原子呈正四面體空間網狀立體結構；每個碳原子都與另外四個碳原子相接，形成了堅固嚴密的三維結構。

鑽石是目前所知自然界最堅硬的物質，它的導熱性比銅還好，卻是絕緣體，而且熔點高、晶瑩剔透，折光性好。在機械、航天航空、醫學等領域都有着廣泛的應用。

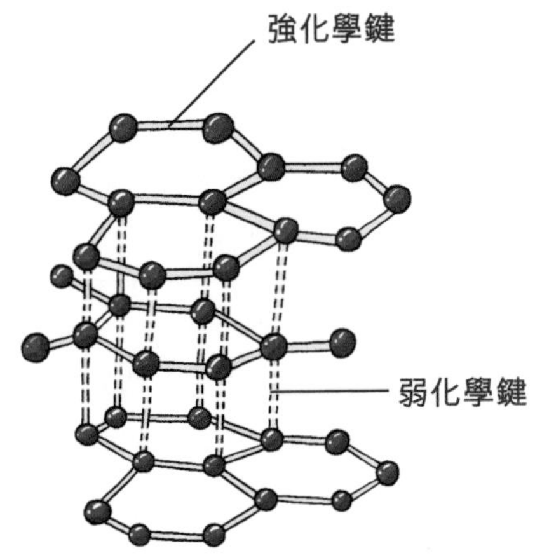

石墨的化學結構

石墨是片層狀結構，層內的碳原子排列成平面六邊形，是一種灰黑色、不透明、有金屬光澤的晶體。

天然石墨是一種柔軟的礦物，耐高温，熱膨脹系數小，即使突然遇到高温，也不會產生裂痕。

高壓擠壓石墨

人造鑽石

因為鑽石和石墨成分相同，在高壓條件下，擠壓石墨可以製造出人造鑽石。這樣的鑽石可以用在工業切割上。

為什麼氧氣不會被耗盡？

你們星球的人
要進攻地球了
嗎？
不是！地球上的氧氣
快要被耗盡了！
我今天才知道，一個健康
的成人每天大約需吸入
500升的氧氣，同時呼出
約400升的二氧化碳。其
他動植物也同樣在吸收氧
氣而釋放二氧化碳！
氧
氧
再加上工廠、家
庭內的各種動力
燃燒，都需要消
耗氧氣……
所以，地
球上的氧
氣很快就
會被消耗
光了！
不用擔心，氧氣沒那麼
容易就用光的。

氧是構成生命的其中一種重要元素，是地球上大多數生命進行各種活動所必需的物質之一。氧氣在空氣中約佔總體積的21%。

雖然地球上的生物在消耗氧氣（O_2），但氧氣不會被耗盡，因為綠色植物通過光合作用，吸收二氧化碳（CO_2），排出大量氧氣。

據科學家們的實驗分析，三棵大樹每天吸收的二氧化碳的量，約相當於一個人每天所呼出的二氧化碳的量。

還有，在某些岩石種類的風化過程中，也會消耗空氣中的二氧化碳。據估計，每年由於岩石風化所耗掉的二氧化碳約為40億至70億噸呢！

人類要維持地球上有充足的氧氣，就要減少森林面積的流失，保護和多種植綠色植物，因為植物是最佳的氧氣製造工廠呢！

原來如此，這樣我就放心了！
但是，如果人類繼續任意破壞地球，氧氣也許真的會有耗盡的一天！

那個時候，我一定積極幫助地球人移民到我們的星球去！
就算真有那麼一天，一百個你們的星球也裝不下地球上所有的人！

地球人真的太多了……
是你們的星球太小……

為什麼有些物料連子彈都不能穿透？

什麼是克維拉線？

那是以克維拉（Kevlar）為原料製成的線。它耐磨，耐潮濕，而且拉力大，是很好的風箏線。

1965年，任職美國杜邦公司的美國化學家史蒂芬妮．露易絲．克沃勒克（Stephanie Louise Kwolek）發明了克維拉，它是一種超強韌的人造纖維，分子結構與蛋白質的分子結構十分相似。

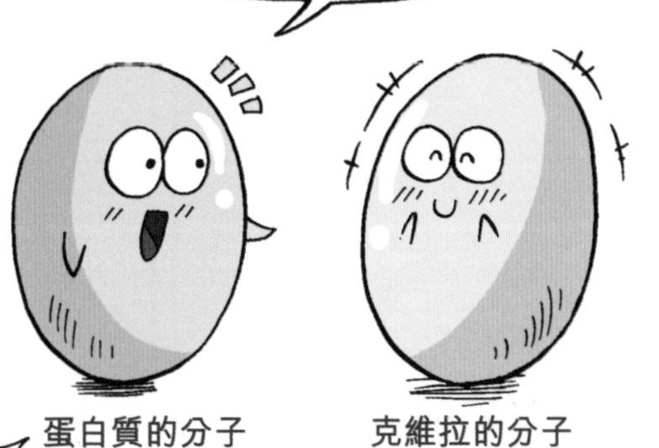

克維拉具有如此不同凡響的強度，原因在於它的分子鏈是高度有序地排列，並幾乎處於完全伸直狀態，使它具有良好的強度。

克維拉耐高溫、耐腐蝕，長期日曬雨淋或是放在海裏浸泡也不會影響性能。不僅如此，把它浸入開水或有機溶劑裏數年，性能仍能保持不變。

人們利用克維拉的超強特性製成了多種產品，例如防彈衣和防彈頭盔、把油輪拴在停泊處的繩索……

此外，克維拉還可以阻燃，同時耐低溫、可彎折，重量也輕於其他材料。

嘩哈哈哈哈！
布拉拉，你大笑什麼？

我的風箏飛得最高，我贏了！這個月都不用洗碗了！
叔叔的風箏斷了線，輸定了！這個月的碗都歸叔叔洗。

哼！我決定，這個月的碗由你來洗！
憑什麼？輸的又不是我！

就憑我是你叔叔！
叔叔欺負小孩子……

為什麼不能在封閉的房間裏燒炭取暖？

快把門關上，
別讓風進來。

現在暖和很多了！

小淘，布拉拉，
我回來啦！

不好了！

醒醒！快醒醒！
叔叔，我覺得渾身無力，剛才發生什麼事了？

你們中了一氧化碳毒。
什麼？我們是什麼時候中毒的？

就在你們把房間封閉，然後燒炭取暖時中毒的……
?

木炭燃燒需要氧氣。氧氣充足時，燃燒木炭會產生二氧化碳。但在封閉的空間裏，木炭會得不到足夠的氧氣進行充分的燃燒，於是會開始快速生成一氧化碳。

一氧化碳無色無味，有着很強的毒性。它能與人體內的血紅蛋白結合，使它失去特有的功能 —— 攜帶氧氣在全身運轉。

吸入30%時的情況

吸入80%時的情況

當血液中的一氧化碳含量達到30%時，人會出現頭痛、眩暈、胸悶等症狀。到達80%時，受害者極可能在短時間內死亡。

如果你們想保持身體溫暖，便多穿幾件厚衣服吧！一定要保持空氣流通，不可以把房間封閉起來。
那我們現在要吃解毒藥嗎？
不用了，還好我及時回來，你們的情況不是很嚴重。一氧化碳中毒的人只要吸入新鮮空氣，就能達到治療效果。

對了，你們為什麼要燒炭取暖呢？
天氣太冷，但碰巧停電了，不能開暖爐……

真奇怪，好端端的怎麼會停電呢？

唉，又要花一筆錢去修理了……

為什麼木糖醇不是糖？

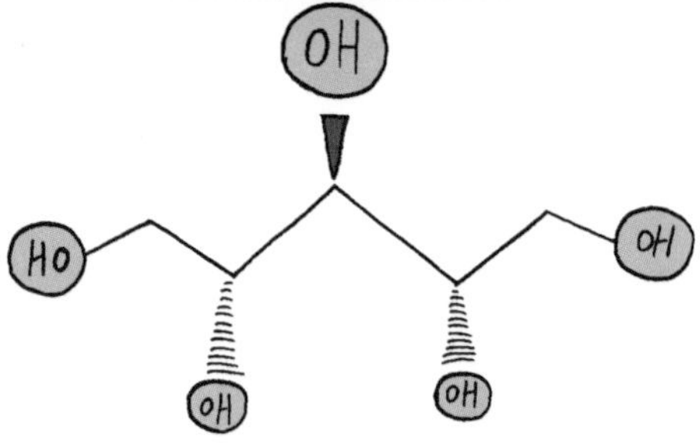

木糖醇的化學結構

蔗糖的化學結構

我們日常吃的食用糖以蔗糖為主要成分。蔗糖屬於碳水化合物，由葡萄糖和果糖組成；而木糖醇則是一種糖醇，和糖家族沒有什麼關係。

木糖醇的外表和味覺都與蔗糖很相似，每克木糖醇只有約2.4卡路里，比其他的碳水化合物少約40%，是很受糖尿病人歡迎的一種甜味劑。

目前，木糖醇主要產自中國。

在自然界中，木糖醇廣泛存在於各種水果蔬菜中，但含量很低；而商品木糖醇則是從粟米芯、甘蔗渣等農作物中經過加工而製成。

木糖醇可以抑制口腔內的細菌生長，有助減低人們患上蛀牙的機會，但是過度食用也有可能產生腹瀉等副作用。

那叔叔買木糖醇回來
是想預防蛀牙嗎？
不是啦，我是因為
最近血糖上升了，
所以想用木糖醇作
為代糖……

既然病了就不要
再吃糖了！
其實……吃
一點應該沒
關係的。

還給我！
我才不
要！

我的糖……

為什麼喝汽水會讓人涼快呢？

真舒服呀！要是冰鎮過的就更好了！
嗝！
誰偷喝了我的汽水？我本來打算用它做雞翼的調味料的！

告訴過你們很多遍了，運動之後不要喝汽水，對身體不好的！

可是我們剛才好熱，喝完涼快多了呢！
真的沒那麼熱了！為什麼會這樣呢？

因為汽水屬於碳酸飲料，喝了之後，會讓人有涼快的感覺。
碳酸飲料真神奇！這是什麼原理呢？
其實是碳酸飲料裏面的二氧化碳在發揮作用。

打開碳酸飲料時，經常會有冒出來的氣泡，氣泡裏面所含的就是二氧化碳氣體（CO_2）。人們通過加壓的方法，將二氧化碳溶進飲料中。

我們自己來做
碳酸飲料吧！
製作方法簡單，
而且聽起來對人
體沒什麼不好的
地方啊。
其實碳酸飲料的害處很
多，例如它裏面的酸性
物質會腐蝕牙齒，喝多
了容易蛀牙；而且它還
會影響人體對鈣的吸
收，小孩子喝多了容易
缺鈣。

蛀牙很痛的！我
還是不喝了……

布拉拉，你
做什麼呢？
咕
嚕
我們不是吸入
氧氣，呼出二
氧化碳嗎？我
在給飲料加二
氧化碳呢！

哪有地球人會這麼做？
他果然是外星人！
咕嚕
咕嚕
咕嚕

豆腐是怎麼來的？

外星
西施豆腐

今晚我準備給你們露一手家傳絕學！
家傳絕學？好像很厲害呢！

沒錯！我爺爺教給我爸爸，我爸爸又教給我的家傳絕學——麻婆豆腐！

還以為是什麼驚天地泣鬼神的東西呢……
?

做豆腐用的「鹵」，是在用海水或者鹽湖水製作鹽之後，殘留在鹽池裏的液體。將這些液體蒸發、冷卻，再將析出的結晶體溶於水，就成了做豆腐時的凝固劑 —— 鹵水。

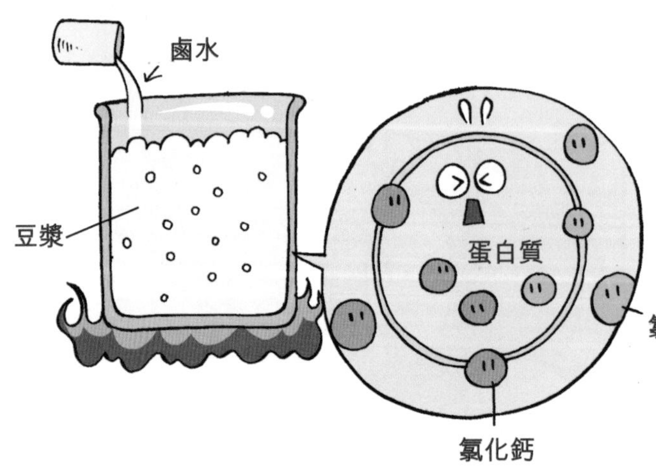

鹵水中有很多氯化鈣、氯化鎂等鹵化物，當它被點到正在加熱的豆漿裏時，這些鹵化物會和豆漿所含的豐富蛋白質發生化學反應。

這種化學反應會使豆漿裏的蛋白質相互凝聚沉澱，持續一段時間後，豆漿裏就會凝結出越來越多的沉澱物。

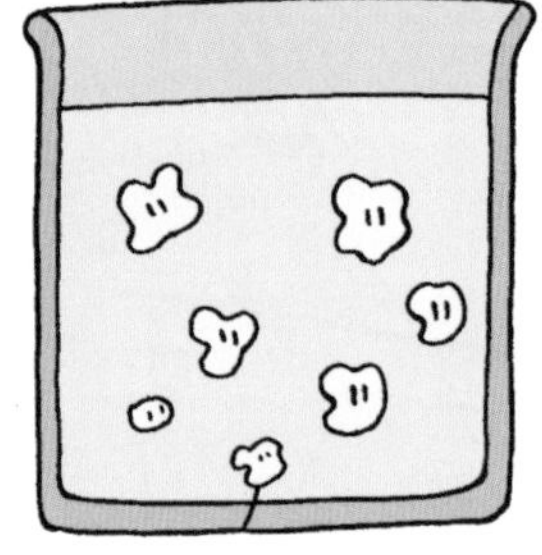

我的絕世麻婆豆腐
閃亮登場！別搶着
吃啊！

啊嗚

撲哧！

舌頭鹹得發苦了……
叔叔，你的家
傳絕學是做鹹
菜吧！

不好意思，我應
該是把鹽當成了
糖，還放了兩次
鹽……

玻璃是怎麼製成的？

小淘、南南、布拉拉，你們看我買了什麼回來？
?

嘩！是一對天鵝！做得真精緻！

是啊，在陽光下亮晶晶的，真漂亮！
哈哈哈，你們喜歡就好，證明我的眼光很不錯！

玻璃是一種主要成分為二氧化矽的混合物，特點是透明、不透氣、有一定硬度、容易脆斷。

那些用途廣泛的玻璃，原料都是我呢！

玻璃

二氧化矽

二氧化矽的熔點很高，但經過加入碳酸鈉、碳酸鉀等化學成分，可以降低它的熔點，使它變成易流動的熔漿。

工人將這種熔漿注入模具中製成平板玻璃，或者用吹製的方法製成各種玻璃容器，還可以在其中添加着色劑，讓它變得五顏六色。玻璃的用途十分廣泛，我們日常生活中所見到的許多建築物、家具、器皿等都是用玻璃製成的。

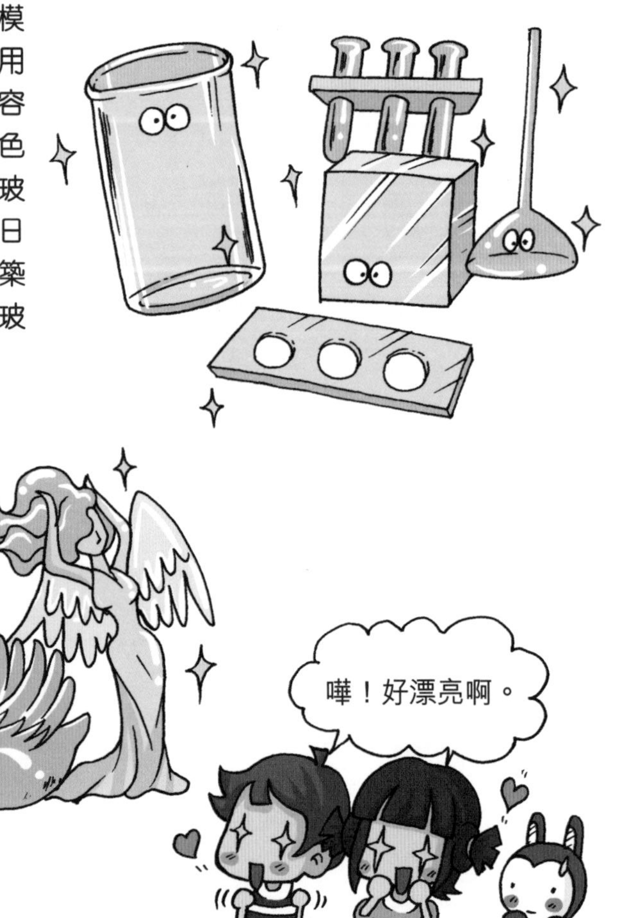

現在有很多玻璃工藝品在國際上大放異彩，成為許多藝術家和設計師進行藝術創作的重要材料。
原來這是偉大的藝術品啊？

當然啦！
我要仔細觀賞一下。

咔啦！
!!

可惡！布拉拉，你給我站住！
對不起，我不是故意的！

什麼是人工降雪？

明明已經是冬天了，
怎麼還不下雪呢？
是啊，我最喜歡下雪了，好想堆雪人啊。

雪人是什麼東西？難道是雪地裏的怪物？

不是啦，是把地上的雪堆成各種各樣的人的形狀。

想要人工降雪，首先需要具備一個條件，就是天空中有0℃以下的「冷雲」。在冷雲裏，既有水汽凝結的小水滴，也有水汽*凝華的小冰晶。

*凝華：物質從氣態直接轉化為固態的過程，期間沒有經過液態。

小水滴和小冰晶都很小很輕，只能懸浮在高空，所以需要在雲層裏投入乾冰，也就是固態的二氧化碳，才能造成降雪。

乾冰的溫度在-78.5℃以下，當人們用飛機把乾冰投入到冷雲裏的時候，每粒乾冰都能成為一個聚冷中心，促使冷雲裏的小水滴和小冰晶很快集結在它周圍。

當小水滴和小冰晶集結得足夠多的時候，就會凝華成為較大的雪花。當雪花的大小可以克服空氣浮力的時候，就會飄落下來，我們就會看到下雪了。

這就是人工降雪的整個過程。除了飛機外，人們還會用高射炮將乾冰射入冷雲中。

哈哈！太好了！過幾天就能按我的樣子堆雪人了！
誰說要把雪人堆成你的樣子呢？

原來……你們是想堆雪人嗎？
是啊，我們好期待呢！

還是不告訴他們了，一般人工降雪的雪量都比較少的……

為什麼橡皮會「吃」尺子？

布拉拉，借你的橡皮用一下。
我很忙，橡皮在書包裏，你自己拿吧。

怎麼橡皮和尺子會黏到一起了？
怎會這樣的？

救命啊……橡皮在吃我的尺子呀……

橡皮的主要成分是橡膠，在製作過程中會加入一種叫做「增塑劑」的有機溶劑來保持橡皮的柔軟性。增塑劑能增加橡膠分子之間的靈活度，就好像是橡膠分子之間的「潤滑油」。

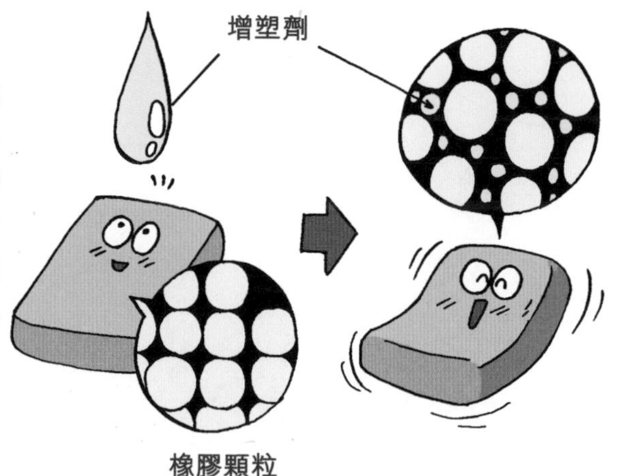

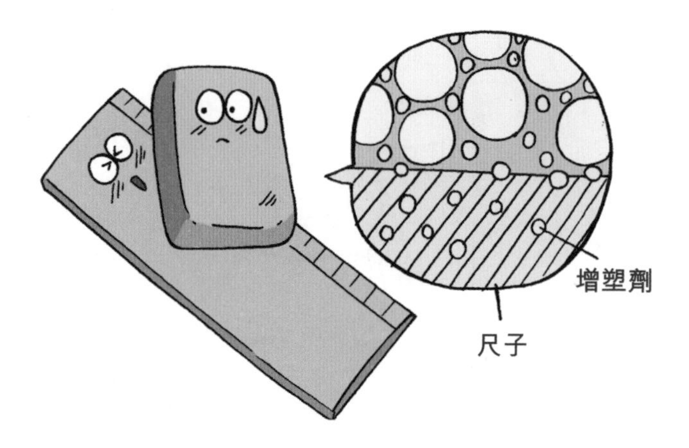

增塑劑具有揮發性。如果橡皮和塑料尺長時間挨在一起，這些從橡皮中揮發出來的增塑劑就會溶解到塑料尺上面。

增塑劑遇到塑料也會發生化學反應，出現少量的溶解，所以橡皮和塑料尺自然就黏在一起了。

為什麼冰塊會黏到手上？

在正常大氣壓下，水到了0℃就會凝固成冰。冰塊的溫度是在0℃或以下的。

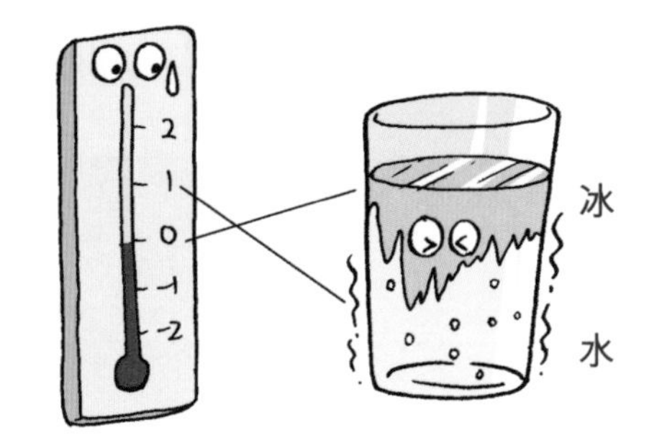

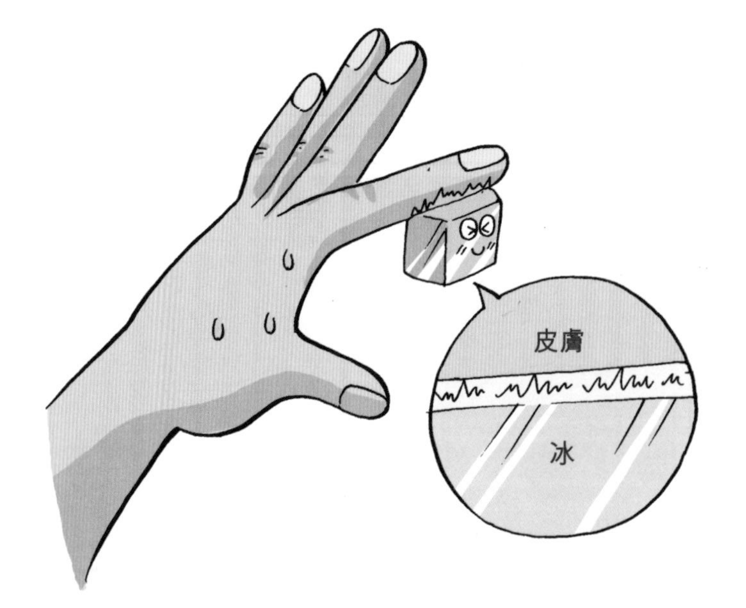

在炎熱的夏季，人的手會出很多汗。當手上的汗珠接觸到冰塊時，就會冷卻形成一層薄薄的冰，然後將手和冰塊凍結在一起。

有時候我們舔雪條時，舌頭也有輕微黏在雪條上的感覺，這都是同一個道理。

叔叔……我的舌頭……黏住了……

別亂動。小心拉傷舌頭。
那……怎麼辦？救救我的舌頭啊！

不用着急，身體的熱量會漸漸把冰融化掉，雪條自然就會掉下來。
我要把布拉拉的樣子拍下來。
不……
嗚——

為什麼不能直接用自來水養魚？

原來是可愛的小金魚。
你小心點……
我來給牠們布置新居吧。

小魚放心吧，保證把你照顧得肥肥的。

第二天
誰害了我的小金魚？
怎麼啦？

沒理由啊，我給牠們放了魚糧，應該不會餓壞的。
嗯，魚缸裏放的是自來水嗎？
是不是飽死了？

自來水一般是用氯氣來殺菌消毒的，消毒後會有部分氯氣殘留在其中，被稱為「餘氯」。世界衞生組織允許自來水含餘氯為每公升最高5毫克，而香港的自來水含餘氯則約為每公升1毫克。

餘氯具有毒性，會對魚黏膜產生強烈的腐蝕；而對有些較敏感的魚，餘氯更可能直接導致牠們死亡。

方法一：採用活性炭過濾。方法二：餘氯是一種揮發性物質，將自來水放置數天就可以使用了。
如果用自來水養魚，就必須先除掉餘氯。
有什麼方法呢？
跟我玩吧！
好呀。
我要被曬乾了。
原來是這樣。
可憐的小金魚……
我們先把這水放幾天，然後我再去買金魚吧。
嗯，好的。
布拉拉，給小魚的水已經夠了。
這些水是給我洗澡用的，我的皮膚也很敏感啊。
……

為什麼胃可以消化食物？

叔叔，什麼時候可以吃飯呀？我肚子好餓！
你剛剛才吃了一塊大蛋糕，這麼快又餓了？

看來布拉拉的胃，消化能力很好啊。
胃是什麼東西？消化是怎麼回事？

又該我出場啦！其實，人類的胃就像一個超級化工廠！

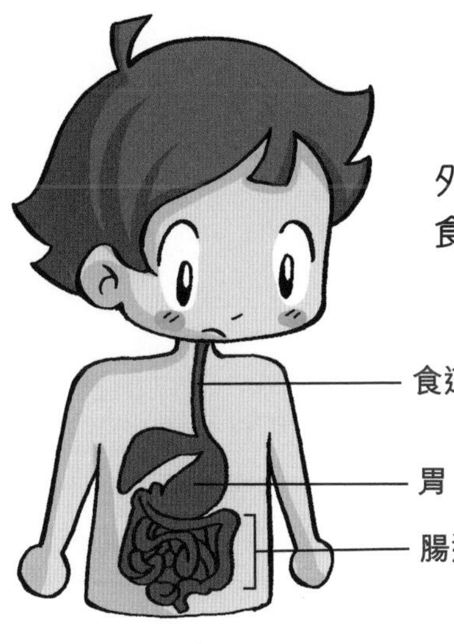

胃是儲存和消化食物的器官，外形就像一個彎彎的口袋，上端與食道相連，下端與腸道銜接。

胃腔內側有分泌胃液和胃蛋白酶的腺體，稱為「胃腺」。

當人準備進食時，大腦就會向胃發出信號，胃收到信號就開始分泌胃液。

食物進入胃後，胃部蠕動，使食物和胃液混合起來，攪拌成糊狀。胃液內含有胃酸，它會和胃蛋白酶一起對食物進行消化分解。

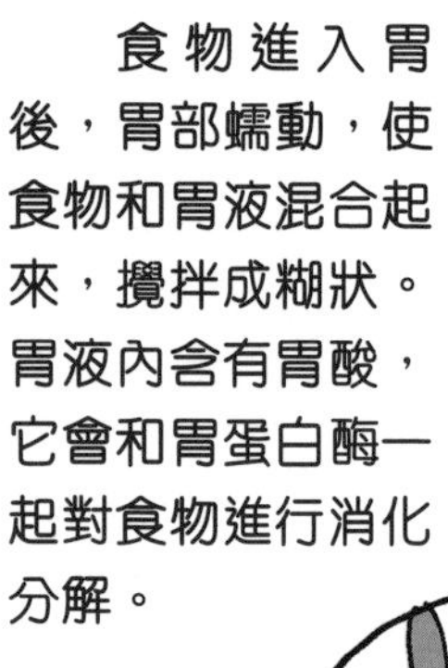

胃酸的酸性很強，所以胃壁上覆蓋着一層厚厚的胃黏膜。它不斷合成和釋放黏液來保護胃。

為什麼鐵會生鏽？

可惡！這是誰幹的？
小淘，你怎麼啦？

誰把我的鐵皮玩具畫成這樣子的？

沒有人碰你的玩具，那是空氣和水的傑作。
你是指空氣和水把我的玩具弄成這樣子？

鐵暴露在空氣中，會在空氣中的氧和水分子共同作用下發生化學反應，生成一種棕紅色的混合物——鐵鏽。

鐵會生鏽，一方面是因為它本身的化學性質比較活躍，另一方面是因為混合了氧和水的關係。如果只有水而沒有氧，鐵也不會生鏽的。

鐵鏽的結構很稀疏，容易脫落。一塊鐵完全生鏽後，體積可脹大8倍呢！如果鐵鏽不除去，它稀疏的結構更容易吸收水分，鐵也就爛得更快了。

物質是由什麼構成的？

感謝盤古奉獻了自己，把世界變得這麼美麗。
為什麼突然提起盤古呢？

聽說盤古開天闢地，用自己的身體變出了山川河流、花草樹木，地球才會這麼漂亮啊！

什麼是物質？

別心急，讓叔叔慢慢告訴你吧。

組成物質的最基本單位是原子。原子中含有質子、中子和電子。兩個或以上原子結合在一起便形成分子。當一個原子或分子由於某些原因失去了或者得到了一些電子時，就形式了離子。

分子

原子

離子

分子能獨立存在，是保持物質化學性質的一種微粒。原子是化學變化中的最小微粒，在化學反應中，原子能重新組合成新物質的分子。

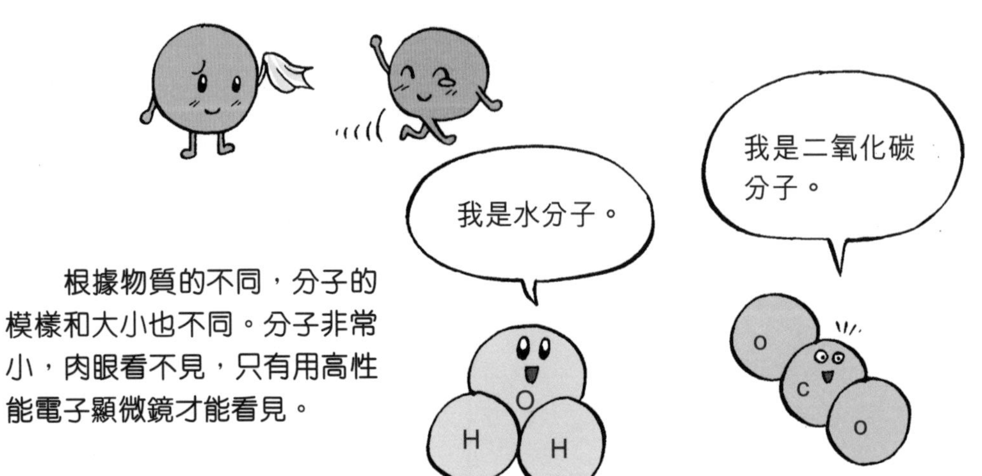

根據物質的不同，分子的模樣和大小也不同。分子非常小，肉眼看不見，只有用高性能電子顯微鏡才能看見。

微觀世界是豐富多彩的啊！

有些物質是以分子構成的，例如水由水分子構成；有的物質以原子構成，例如石墨由碳原子構成。

原子

分子

原子是比分子更小的微粒，但一般來說，單獨的一粒原子不能體現原物質的性質。例如水分子能分解成氫原子或氧原子，但是個別一粒的氫原子或氧原子並不能體現出原物質的性質——水。

有些物質則是由離子構成的，例如鹽（氯化鈉）就屬於離子晶體；而金屬則是以金屬陽離子和自由電子構成的。

為什麼木頭會燃燒？

燃燒是物體快速氧化的一種劇烈的化學反應，過程中會產生光和熱。

燃燒必須同時滿足三個條件——可燃物、燃點、氧氣。

木頭中有大量的碳。碳是可燃物。當碳在空氣中被加熱到了燃點，木頭就會燃燒起來。

燃點是物體開始並繼續燃燒的最低溫度。因應木材的材質和乾濕程度不同，燃點並不固定，一般約在200℃至300℃之間。

如果木頭與氧氣有充分接觸，並且氧氣一直保持充足，木頭就會完全燃燒，最後變成灰燼。
原來如此！

不過，沒有完全燃燒的木頭則會變成木炭。
我明白了！

那就用我的力量，讓它完全燃燒吧！

小心我的鍋！

幸好叔叔搶先一步，不然午飯就沒有了！

原子是由什麼組成的？

原子是構成化學元素的基本單元和化學變化中的最小微粒，但它並不是最小的粒子。1897年，物理學家約瑟夫·湯姆森（Joseph John Thomson）在原子中發現了質量比它小1,700倍的電子。

每個原子中都有一個原子核，在1911年，物理學家歐尼斯特．拉塞福（Ernest Rutherford）證明了電子就是圍繞着原子中心的原子核旋轉的。

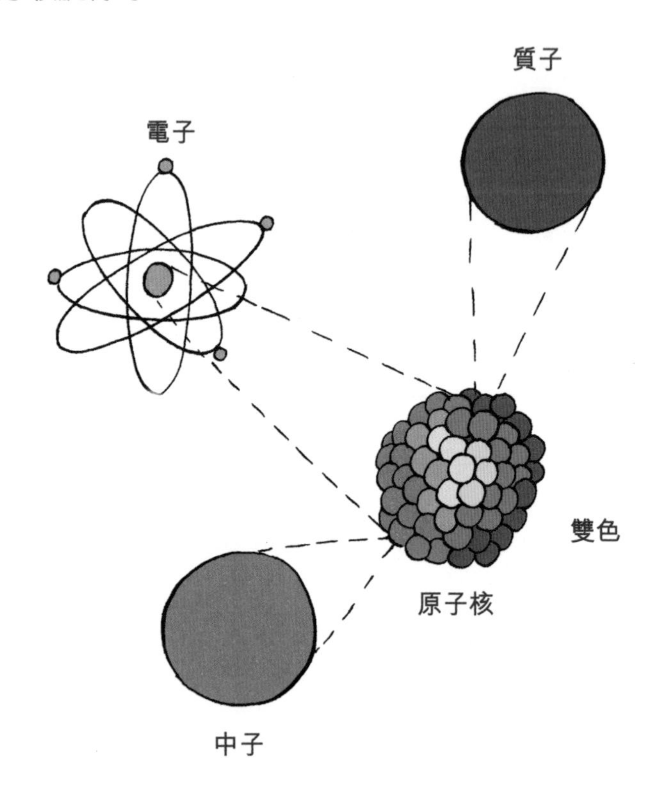

隨後，科學家又陸續發現了組成原子核的兩種更小的粒子——質子和中子。然而，質子和中子都比電子大。

質子是帶正電荷的，中子不帶電荷，而電子則帶負電荷。一個原子中的質子數量與電子數量一樣，因此原子不帶電荷。

原子的英文名稱是atom，源自希臘語atomos，你知道它的意思是什麼嗎？請把代表答案的英文字母圈起來。

A. 不可分割　　B. 自動分割　　C. 細小的

答案：A

現在懂了吧？
叔叔懂得那麼多，真厲害！
哈哈，只要你肯努力學習，將來也可以像我一樣學富五車！

嗯……但是，我應該從哪裏開始學習呢？
哈哈，這還用問？當然是從動手做實驗開始啦！

是啊！那我們繼續敲磚，看看裏面那些粒子是什麼樣子吧！

我剛才已經説了，粒子是肉眼看不到的……

如何區別酸性物質和鹼性物質？

吃水果很健康嗎？
當然啦，水果中有豐富的維生素，對人體非常有利！

可是有些橙的味道很酸啊。酸性物質對身體不太好吧？

食物吃在嘴裏的味道，是不能代表它屬於是酸性還是鹼性的。

那叔叔是用什麼方法來區分它們的呢？
方法很簡單，我們可以用pH值試紙或石蕊試紙來進行檢測。說到這裏，我們先要知道什麼是pH值。

pH值是在化學中用來衡量溶液酸鹼度的標準。pH值越趨向於0，表示溶液酸性越強；越趨向於14，表示溶液鹼性越強；而在常温下，pH值等於7的溶液則屬於中性。

如果用pH值試紙進行檢測，只要觀察它沾上溶液後的顏色變化，再對比pH試紙顏色卡，就知道該溶液的酸鹼值。

另一種試紙是石蕊試紙，它分為紅色和藍色兩種。紅色試紙遇到鹼性溶液會變藍，藍色試紙遇到酸性溶液會變紅。

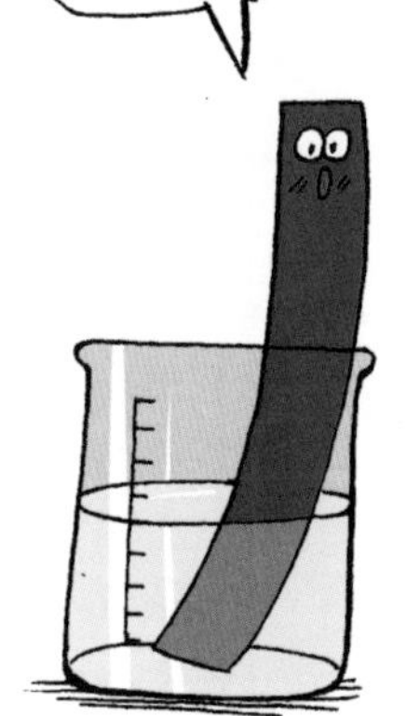

用石蕊試紙檢測酸鹼度

pH值試紙和石蕊試紙都有各自的限制，例如pH值試紙不能顯示油分的pH值；石蕊試紙則在pH值介乎4.5至8.3的溶液中不會變色，那就無法準確得知溶液是酸性還是鹼性了。

現在你們知道可以用科學方法來檢測物質的酸鹼值了吧。
pH值試紙測試結果顯示，味道酸酸的橙汁果然呈現酸性。

沒錯，懂得用科學方法驗證推斷，而不是憑主觀感受，是十分重要的。
噢，我明白了。

布拉拉，你怎麼了？

這個橙……酸死我了！

為什麼指紋可以被提取出來？

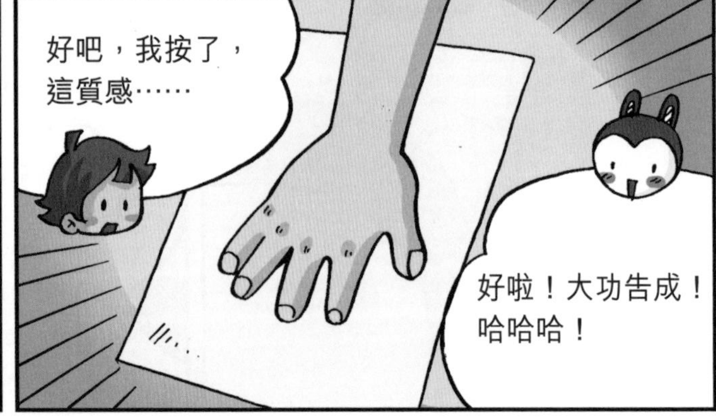

人的手指、手掌上有許多小汗腺，會分泌薄薄的汗液。就像印章蘸上了印油，只要手指、手掌接觸到物體表面，就會像印章一樣自動留下印痕。

汗液的成分非常複雜，其中包括水、鹽（氯化鈉）、尿素、油脂等等。

提取指紋一般
用碘熏法。
首先將碘酒加熱。
?
碘酒受熱後，酒精很
快揮發，碘就會變成
紫紅色的碘蒸氣。
碘蒸氣與指紋上的油脂
產生化學反應，指紋就
會顯示出來了。
嘩！好厲害啊！
以後誰偷吃我的
美食，就用這個
方法追查他！
你也太小氣
了吧！

為什麼鞭炮會爆炸？

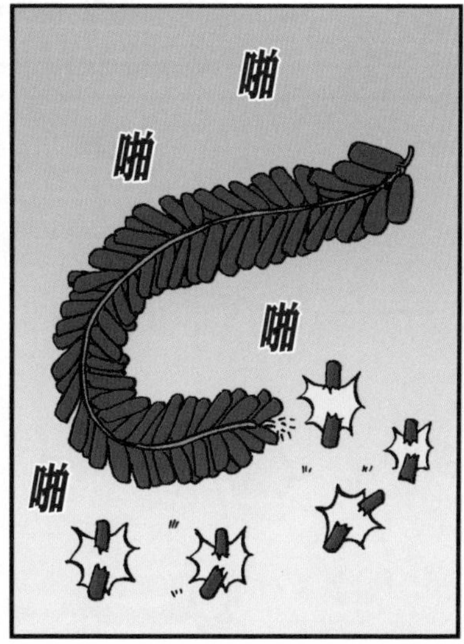

叔叔，地上那些發出「啪啪」聲的是什麼東西？
好嚇人呢！
不用害怕，這間蛋糕店開張，店主放鞭炮慶祝而已。

鞭炮？它有什麼特別呢？
嗯，它可以產生輕微爆炸，從而發出很大的響聲。

它為什麼能爆炸呢？

這個……我也不清楚啊……
咳咳，看來叔叔又要給你們補課了！

爆炸可以是一種物理變化或化學反應。空氣會因高熱而急速膨脹，形成巨大的壓力。當壓力迅速釋放時，就成了我們看見的爆炸。

鞭炮發生爆炸，必須具備三個條件：點燃源、氧和爆炸性物質。

一般的爆炸是由火引發的，但如果將兩個或以上互相排斥的化學物質組合一起，也會引起或大或小的爆炸。

爆炸的威力很
強大的嗎？
當然！據說大約
在6,500萬年前，隕
石撞擊地球造成大爆
炸，使地球上半數以上
的物種滅種，也導致了
恐龍時代的終結。
叔叔，還會有隕石
撞擊地球嗎？
你不必太擔心，其實
一直以來也有隕石撞
擊地球，只是它們的
體積不大，沒有造成
大傷亡。
太恐怖了！我要
趕快修好我的飛
船，離開地球！

酸是什麼？

呃……我把醋當成
醬油了。
水果怎麼能配飯
吃呢？
那我用梨子配飯
吃好了。

酸死了！

醋是酸的，梨子
也是酸的……
酸到底是一種
什麼東西呢？
簡單來説，
酸是一類化
合物的統
稱！

叔叔，你在
梨子裏也放
了醋嗎？
我沒有啦……
那是果酸！

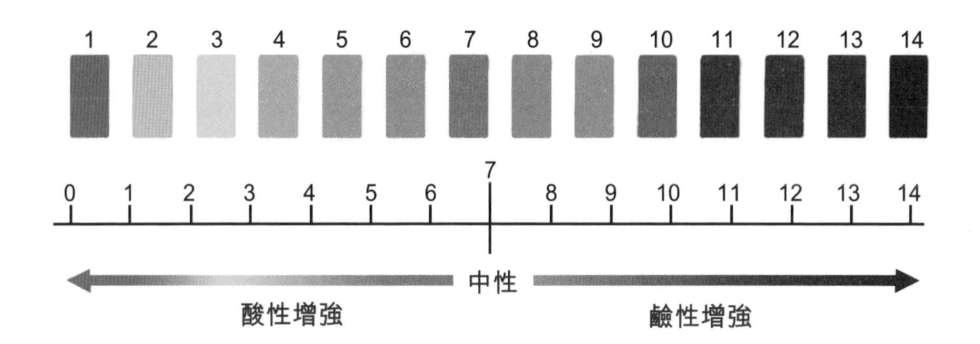

在化學上，用pH值來表示物質的酸鹼性強弱程度，酸性能使pH值試紙變紅。

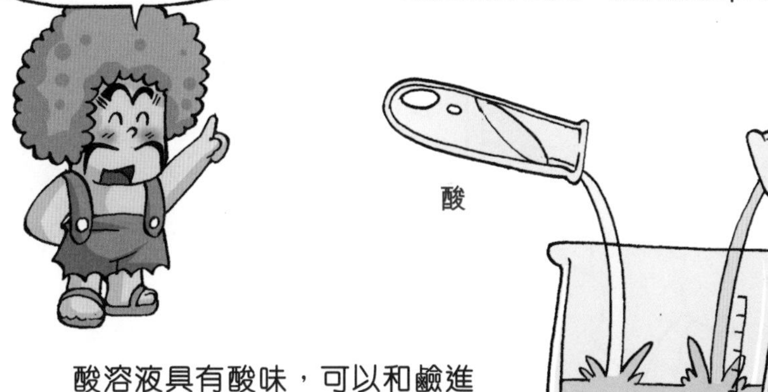

生成水和鹽類化合物

酸溶液具有酸味，可以和鹼進行中和，生成水和鹽類化合物。

酸有強酸和弱酸之分，大部分強酸具有強烈的腐蝕性，例如鹽酸、硫酸等；而弱酸則在生活中被廣泛使用，例如汽水中的碳酸，食醋中的醋酸等。

果酸

蛋白質的基本單位是氨基酸，而一些天然蔬果中則含有果酸，例如蘋果酸，檸檬酸等。

空氣是由什麼組成的？

空氣由很多種氣體和雜質組成，無色無味。

由於空氣中的成分不是固定的，所以不同地區的空氣都有不同的變化。

隨着現代化工業的發展，大量排放到空氣中的有害氣體和煙塵，造成嚴重的空氣污染。這樣不僅對大自然造成破壞，更影響到人類的生存！

人類的生活離不開空氣，一旦空氣成分失衡，就會對地球所有生物的生存造成巨大的，甚至是毀滅性的影響！

處理工業廢水的物質是什麼？

茶有很多品種，
品種不同，顏色
自然不一樣。我
今天喝的是鐵觀
音，昨天喝的是
龍井。

那有沒有沖出來的
茶色像可樂般是黑
色的呢？一定很好
喝！
是嗎？但我
覺得還是不
會好喝。

雖然沒有黑色的
茶，但我可以現
在就把這杯茶變
成黑色。

叔叔在做
什麼呢？

來吧，一起見證
奇跡的時刻！

茶水中含有一種名為單寧酸的物質，它與綠礬會發生化學反應，生成一種黑色物質 —— 單寧酸亞鐵。

綠礬又叫硫酸亞鐵，是一種化學物質，常用來處理工業廢水，因為它可以將水中的雜質凝結、沉澱，讓水更清澈。

真是太神奇了，
綠礬原來有這麼
大的作用！
對！就像變
魔術一樣。

怎麼樣？我就說
有黑色的茶吧！
小淘，南南，
你們覺得這個
黑色的茶會好
喝嗎？

小淘，你剛才
不是說會好喝
的嗎？要不要
嘗嘗？

不用了！它像
墨汁一樣，我
才不要喝！

為什麼會有鬼火？

為⋯⋯為什麼好像有些東西跟在我後面呢？不會是⋯⋯

啊！鬼啊！救命呀！

嘩！鬼啊！

人和動物體內都含有磷，當人和動物死後，屍體腐爛分解出磷化氫。

磷化氫的燃點很低，通常約是40℃，所以與空氣接觸後很容易就會燃燒起來。

磷火很輕，所以人在走路時帶動空氣流動，磷火也會跟着被帶動，看起來就像追着人走似的。
當你停下來，空氣的流動也好像靜止了，所以我也跟着停下來。
他的腳步帶風，我們跟着風走……
呼，剛才真的把我嚇壞了。
我也是，還以為自己見鬼了。
呼！

沒關係，我小的
時候也怕鬼！
那世上到底有
沒有鬼呀？

嗯，這個
問題……

你們覺得
呢……

沒有鬼啦，
不用害怕。

鬼由心生，你們要多
做好事，這樣就不用
怕了！
我們會記住的了！

溶劑是什麼東西？

溶劑是一種液體，可以將固態、液態或氣態的物質溶解。日常生活中最普遍的溶劑是水。

溶質是被溶劑溶解的物質。溶質可以是固態，例如溶於水的糖和鹽；可以是液態，例如溶於水中的酒精；也可以是氣態，例如汽水中的二氧化碳。

考考你

除了水以外，你能舉出更多溶劑的例子嗎？

參考答案：天拿水、酒精、洗甲水。

美味的雪條

雪條的味道甜甜的，到底雪條的成分是什麼？它的甜味是如何來的？你可以跟着下面的步驟一邊摺雪條，一邊動動腦筋想一想。

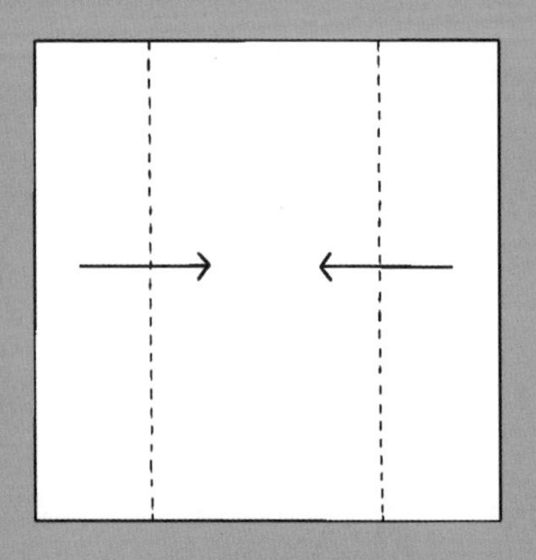

1. 先準備一張正方形手工紙。沿虛線向箭頭方向摺至手工紙正中間位置。

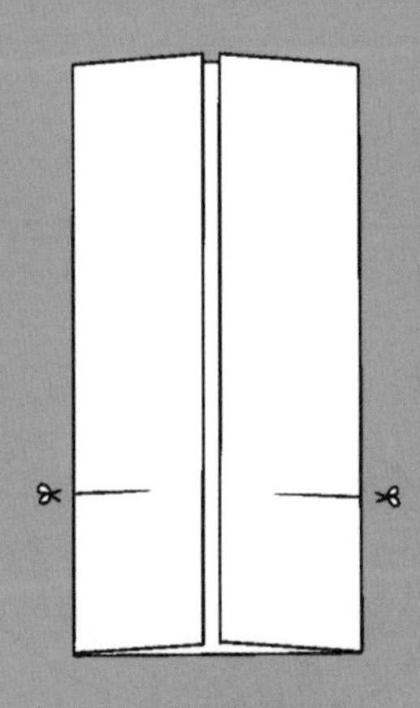

2. 依圖示剪開。

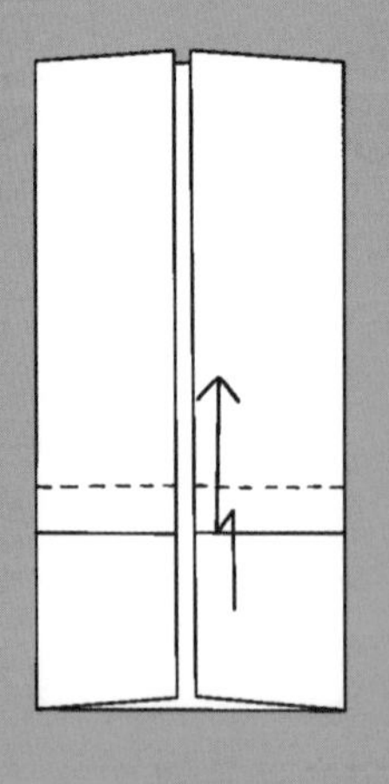

3. 先沿虛線向上摺，再沿實線向下摺。

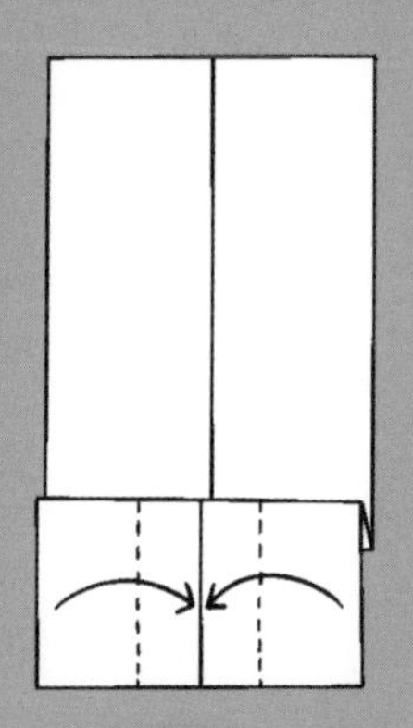

4. 沿虛線向箭頭方向摺。

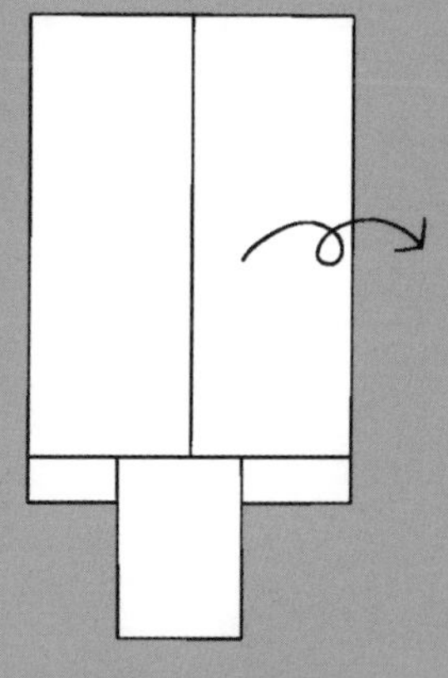

5. 摺好後翻到另一面。

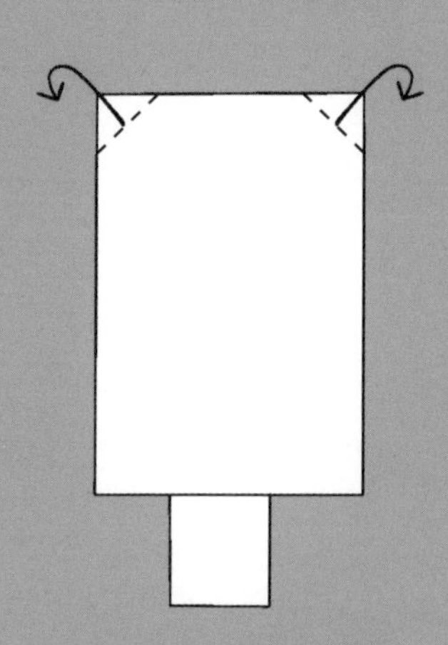

6. 沿虛線向箭頭方向向後摺。

7. 畫上圖案，完成。

科普漫畫系列

趣味漫畫十萬個為什麼：化學篇

編　　繪：洋洋兔
責任編輯：潘曉華
美術設計：陳雅琳
出　　版：新雅文化事業有限公司
香港英皇道 499 號北角工業大廈 18 樓
電話：（852）2138 7998
傳真：（852）2597 4003
網址：http://www.sunya.com.hk
電郵：marketing@sunya.com.hk
發　　行：香港聯合書刊物流有限公司
香港荃灣德士古道220-248號荃灣工業中心16樓
電話：（852）2150 2100
傳真：（852）2407 3062
電郵：info@suplogistics.com.hk
印　　刷：中華商務彩色印刷有限公司
香港新界大埔汀麗路 36 號
版　　次：二〇一八年九月初版
二〇二四年八月第七次印刷

ISBN: 978-962-08-7123-8

18/F, North Point Industrial Building, 499 King's Road, Hong Kong
Published in Hong Kong SAR, China
Printed in China